L'AVENIR AGRICOLE

DU

CHER

PAR

L. GALLICHER

INGÉNIEUR-CULTIVATEUR. — MEMBRE DE LA SOCIÉTÉ
D'AGRICULTURE DU CHER,
MEMBRE CORRESPONDANT DE LA SOCIÉTÉ
D'AGRICULTURE DE FRANCE,
VICE-PRÉSIDENT DU COMICE AGRICOLE DE BOURGES,
DÉPUTÉ DU CHER

Octobre 1875

BOURGES

IMP. MARGUERITH-DUPRÉ, RUES DES VIEILLES-PRISONS, 2,
ET DE LA GROSSE-ARMÉE, 8 ET 10

L'AVENIR AGRICOLE DU CHER

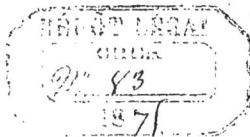

L'AVENIR AGRICOLE

DU

CHER

PAR

L. GALLICHER

INGÉNIEUR-CULTIVATEUR. — MEMBRE DE LA SOCIÉTÉ
D'AGRICULTURE DU CHER,
MEMBRE CORRESPONDANT DE LA SOCIÉTÉ
D'AGRICULTURE DE FRANCE,
VICE-PRÉSIDENT DU COMICE AGRICOLE DE BOURGES,
DÉPUTÉ DU CHER

Octobre 1875

BOURGES
—
IMP. MARGUERITH-DUPRÉ, RUES DES VIEILLES-PRISONS, 2,
ET DE LA GROSSE-ARMÉE, 8 ET 10

Il m'arrive parfois d'assister et de prendre part à des discussions, à des controverses, souvent assez vives, toujours instructives et intéressantes, soulevées par les agriculteurs, mes confrères, sur la question délicate de préférence à accorder aux terres légères et siliceuses, ou bien aux terres calcaires plus ou moins fortes.

Ecoutez les cultivateurs de la partie méridionale de ce département, qui confine au Bourbonnais et à la Marche; ils ont renversé un sol couvert d'ajoncs et de bruyères, et aidés, d'abord, par les phosphates et ensuite par la marne et la chaux, ils en ont fait surgir de merveilleuses récoltes de céréales : — « *L'avenir est aux terres légères*, s'écrient-ils, encouragés par ces succès ; *la plaine calcaire a fait son temps, à nous de relever et d'asseoir la fortune agricole de la France.* »

« *Nous n'avons pas dit le dernier mot*, répondent les laboureurs des plateaux, *nous avons la luzerne et la betterave, et avec elles nous espérons soutenir la vieille prospérité de nos plaines.*»

Les destinées de mon existence de cultivateur m'ont conduit à ouvrir successivement le sillon dans la *brande* séculaire des cantons du sud-ouest du Cher et sur le vieux sol calcaire de la plaine du centre, et une expérience de trente années me permet d'apporter dans ce débat, souvent un peu absolu, quelques explications conciliantes qui n'arrivent pas toujours, je le reconnais, à mettre d'accord les interlocuteurs.

J'ai exposé sous une forme un peu vulgaire, j'en demande pardon aux lecteurs de cette note, une situation dont la gravité n'a pas échappé aux esprits sérieux que préoccupe à juste titre l'ave-

nir agricole de cette contrée. Nul ne peut nier
que les pays à céréales, le sol fromental dont la
Beauce est le type, ne soient tombés dans un
état d'infériorité qui s'aggrave de jour en jour et
ne réclament un effort énergique pour reprendre
le rang d'où les a fait descendre l'extension du
terrain arable dans notre propre pays et la concurrence qui est faite à leurs produits, sur notre
marché, par les grains des régions les plus loin-
taines.

Le département du Cher compte dans sa su-
perficie une très notable portion constituée par
ces grands plateaux calcaires, à sous-sol perméable, terrains d'une nature analogue à ceux de la
Beauce et comme eux gravement compromis par
la révolution économique et culturale qui s'ac-
complit sous nos yeux. Ce serait donc un travail
d'un intérêt tout local que l'étude des conditions
nouvelles qu'elle impose aux cultivateurs de cette
contrée. — Je l'entreprends non pas avec la
prétention de donner une solution aux difficiles
problèmes qui s'y rattachent mais bien plutôt
pour tracer un programme de recherches et de
discussion sur des faits d'observation que je

m'efforcerai d'exposer d'une manière aussi claire
et aussi exacte qu'il me sera possible.

Cette étude, pour être complète, ne peut
isoler la contrée qui en fait l'objet principal de
celles qui l'environnent ; les circonstances de
rapports et corrélation sont d'une trop grande
importance en culture pour qu'on puisse restreindre à une surface absolue et limitée les
observations de la nature de celles que je veux
exposer. C'est de l'avenir agricole du Cher tout
entier, du reste, que nous nous occupons, et si
les plateaux calcaires, plus menacés que le reste,
attirent plus spécialement notre attention, la
connexité de toutes les parties de ce département est si grande qu'il est nécessaire de jeter
un coup d'œil sur l'ensemble avant de soumettre
l'une d'elles à un examen plus sérieux et plus
approfondi.

§ Ier.

Partie Solonaise du Cher

Le département du Cher compte 110,000 hectares environ de son territoire, presque le sixième de sa surface, dans ce grand plateau de terrain siliceux qu'embrasse la courbe de la Loire, de Sancerre à Amboise, et connu sous le nom de Sologne. L'étendue de cette contrée est, approximativement, de 460,000 hectares, de sorte que le Cher en occupe, à très peu près, le quart.

Nulle partie de la France n'a été plus étudiée, plus analysée, plus fouillée que ce coin de terre.

Après les recherches et les travaux si remarquables du Comité central agricole de la Sologne,
ce serait de ma part une prétention vaine et
déplacée que d'exprimer une opinion sur l'avenir
d'une région dont la voie a été tracée avec autant
de science et d'autorité; mais, je ne veux pas
laisser passer l'occasion de dire quelques mots
d'un livre qui a eu le malheur d'être publié à une
date néfaste (1870), quand tant d'autres préoc-
cupations détournaient les esprits de ce sujet et
qui a pour titre : *Etudes sur les terrains agricoles de la Sologne,* par FÉLIX MASURE (1). Cet
ouvrage a été couronné par le Comité central ; il
devrait être entre les mains de tous les propriétaires Solognots. Je ne connais pas de mono-
graphie plus savante, plus complète, plus exacte;
description minutieuse du pays, analyses multi-
pliées des terrains, discussion claire et nette,
apperçus judicieux sur les méthodes culturales
les mieux applicables à ce sol ; tout cela fait de
ce travail un guide précieux pour quiconque
voudra appliquer à la terre solonaise les principes
les plus élevés de la science agronomique.

(1) Orléans. — Imprimerie d'Emile. PUGET et Cᵉ, rue Vieille
Poterie, 9. — 1870.

Peut-être M. Félix Masure dans ses appréciations sur l'avenir agricole de la Sologne, et dans la préférence qu'il accorde à l'extension de la culture arable sur la culture sylvicole, n'a-t-il pas tenu un compte suffisant de la quantité de bras, et de l'énormité du capital qui seraient nécessaires pour défricher, chauler ou marner et tenir en état de culture les cent mille hectares environ de landes et bruyères de cette contrée restés jusqu'à ce jour improductifs ; — mais ces déductions plus spéculatives que pratiques, que la force des choses, des débouchés nouveaux et des circonstances imprévues ont pu contredire, ne sont que l'accessoire de ce livre et la critique à laquelle elles peuvent donner lieu ne diminue en rien la valeur et le mérite de ce travail remarquable.

La Sologne, nous l'avons dit, a sa voie tracée. Tous les agronomes sont aujourd'hui d'accord pour reconnaître que sa prospérité est attachée au développement aussi prompt, aussi général que possible de la sylviculture.

C'est au déboisement qu'il faut attribuer l'état de misère dans lequel était tombée cette contrée dont tant de vestiges attestent la richesse forestière et la prospérité des temps passés, c'est en reboisant les terrains les plus isolés et les plus stériles que la Sologne reconstituera la salubrité de son atmosphère, la fraicheur de son sol, le développement de sa population. La nature, les travaux des hommes, les conditions locales coopèrent puissamment à cette rénovation, commencée, avec vigueur, il y a une cinquantaine d'années.

Le repeuplement des essences feuillues, du chêne particulièrement, ne peut avoir lieu économiquement qu'avec le concours des résineux qui l'abritent et qui donnent, par la rapidité de leur végétation, des produits qui permettent d'attendre la croissance plus tardive des premières. Le pin maritime, le pin Sylvestre et bien d'autres variétés de conifères, prospèrent merveilleusement sur le sol Solonais; Paris offre à tous les produits de ces bois un débouché facile et avantageux.

Un réseau complet de routes agricoles construit par l'Etat, le canal de la Sauldre, qui communique aujourd'hui avec le chemin de fer du Centre, à la Motte-Beuvron, bientôt le chemin de Bourges à Beaune-la-Rolande, et plus tard le grand

canal de la Sologne, du Cher à la Loire, de
Montrichard à Châtillon, promettent, au développement forestier de la Sologne, des facilités
d'exploitation et d'exportation qui en assurent, dès
aujourd'hui, la prospérité.

Quand sur tous les points de la France la
charrue et la pioche empiètent sur la forêt, quand
le combustible minéral accaparé par toutes les
industries, par la navigation, par les chemins de
fer, devient de plus en plus cher et de plus en
plus rare, dans un pays où le foyer du ménage
conserve une prédilection marquée pour le bois,
où la valeur des produits accessoires, de l'écorce
particulièrement, s'élève chaque jour, la consti-
tution d'un grand massif forestier de 200,000
hectares à 150 kilomètres, en moyenne, de Paris, est d'une valeur immense dans l'économie
générale de ce pays et la Sologne y trouvera une
fortune que la culture ne lui donnera jamais.

La vaste étendue des propriétés, l'abondance
du gibier, la proximité de Paris, attirent de plus
en plus dans cette contrée, des propriétaires
opulents dont l'action aidera beaucoup à l'extension de la culture forestière et à la prompte

amélioration des parties que l'irrigation, les phosphates et les amendements calcaires peuvent économiquement et fructueusement aborder.

Ce n'est pas à dire que la Sologne n'ait marché déjà d'un pas résolu dans le progrès agricole ; il faut au contraire proclamer hautement et, ses efforts et les résultats qu'elle a obtenus, et, au moment où j'écris ces lignes, une conquête nouvelle, l'ensilage du maïs, est en voie d'accomplissement au centre de cette contrée, d'abord au château de Burtin, près Nouan-le-Fusclier, chez M. Goffart, qui paraît être l'initiateur de ce précieux procédé, puis au château de Cercey, près la Motte-Beuvron, chez M. Lecouteux, qui en sera le vulgarisateur.

Je reviendrai sur cette pratique de l'ensilage des fourrages verts et des racines quand je parlerai de la culture des plaines calcaires, pour lesquelles elle a autant d'intérêt que pour les pays siliceux, mais je ne pouvais traverser la Sologne sans signaler en passant une expérience qui fixe à juste titre l'attention du monde agricole, et dont elle aura eu l'heureuse initiative.

Jusqu'ici la Sologne avec ses grands espa-

ces occupés encore par la bruyère est restée,
il faut le dire, un pays à culture semi-pastorale.
On y élève quelques chevaux. L'espèce bovine n'y
est guère entretenue que pour le lait, et présente
un mélange confus de races sans nom amoindries
par l'influence du sol ; mais l'espèce ovine y est
représentée par une race d'une grande valeur,
très-multipliée et admirablement appropriée aux
conditions locales.

Les moutons solognots venaient autrefois se
faire engraisser dans la partie herbageuse du
Cher ; ils ont pris depuis quelques années le chemin du Nord, où les attirent les engraisseurs de
la Brie, de la Picardie et de la Flandre.

Du reste c'est la tendance de tous les produits
de cette région ; les relations commerciales de la
Sologne se dirigent toutes vers Orléans, Paris,
Gien, Montargis, et sont presque nulles avec le
Berry. — Si nous devions ne pas oublier dans
cette étude une partie si importante du territoire
du Cher, il faut reconnaître, toutefois, que sa situation géographique, ses communications, ses
débouchés la mettent un peu en dehors du mou-
vement général du reste du département.

§ II.

Le Sancerrois.

Cette partie du Cher est assurément la mieux équilibrée au point de vue de la division de son sol. — Les bois, les prairies, les terres arables et les vignes y sont distribués dans la plus heureuse proportion. Les ondulations des terrains, une perméabilité moyenne qui conserve à la surface une masse d'eau régulièrement répartie ont constitué, sur toute l'étendue de cette région, une succession assez rapprochée de prairies et de terres arables pour que toutes les fermes en possèdent une part convenable et pour que

2

chacune d'elles offre la féconde réunion de l'é-
ducation du bétail et de la culture des céréales

Cette culture semi-pastorale se prête admirablement à la pratique du métayage. L'honnêteté
et les habitudes laborieuses des habitants de ces
belles campagnes n'étaient pas moins favorables
au développement de ce système d'exploitation ;
il est général dans toute cette contrée et les résultats qu'il y donne font autant honneur à
l'intelligente direction des propriétaires, à leur
sage impulsion, qu'aux courageux efforts et à la
bonne volonté des métayers.

La marne abonde dans toutes les vallées du
Sancerrois : on trouve au milieu de ses roches
crayeuses des gisements de nodules de phosphate
de chaux dont l'exploitation ne tardera pas à
prendre un grand développement et nous dispen-
sera de demander aux Ardennes ou au midi cet
amendement précieux dont la restitution à notre
sol épuisé est une des conditions premières de la
restauration de notre culture.

Le Sancerrois entretient un nombreux bétail :
il a une prédilection particulière pour l'élève du

cheval et le succès qu'il y obtient la justifie
pleinement.

Que peut bien désirer encore cette charmante
contrée ? Elle est limitée dans toute sa largeur
à l'est, par la Loire avec son val fertile. Si le
fleuve se livre quelquefois à des incartades
fâcheuses, il les paye largement par la fertilité
que laisse après elle l'invasion de ses eaux.

Le canal latéral à la Loire, le chemin de fer
du Bourbonnais portent vers Paris et le Nord ses
vins, ses bois, ses bestiaux et ses grains ; il lui
manque une voie plus facile et plus rapide que
cette affreuse route de Sancerre à Bourges, l'une
des nombreuses erreurs dont le génie civil, avec
son parti pris de la ligne droite, a semé le Berry,
pour communiquer avec le reste du département.

Il ne s'écoulera pas beaucoup de temps avant la
construction d'une ligne de fer de Sancerre à
Henrichemont, se reliant, en ce point au chemin
de Bourges à Paris, par Beaune-la-Rollande, ou
d'un chemin stratégique de Bourges à Saint-
Dizier qui franchirait la Loire sous Sancerre.

Nous devons souhaiter pour l'ensemble des
communications du Centre de la France la plus

prompte exécution possible de ces lignes qui
rapprocheront le Sancerrois du reste du Berry. Il
faut reconnaître, toutefois, que la prospérité
agricole de cette région en est indépendante :
elle a, comme la Sologne qui lui est contigüe,
ses relations commerciales, ses débouchés nécessaires vers le nord avec les voies de transport
les plus économiques pour les atteindre. Nul
souci ne doit donc s'élever sur l'avenir d'une
contrée qui a marché jusqu'ici dans le progrès
d'un pas ferme et résolu et qui y est si provi-
dentiellement aidée par la nature, la variété de
son sol et les habitudes laborieuses et essentiel-
lement agricoles de sa paisible population.

§ III.

Canton du sud-est. — Vallée de Germigny.

La zone du Cher qui s'étend depuis le sud du Sancerrois jusqu'aux limites du département de l'Allier, entre la Loire et la grande chaîne de collines qui la sépare des terrains jurassiques, se divise en deux parties bien distinctes : — La première, comprise entre la Loire et l'Aubois, formée d'un dépôt de sables tertiaires, est généralement siliceuse et couverte de forêts ; — La seconde repose sur les calcaires de l'oolithe inférieure et du lias et constitue ce sol argilo-calcaire et on-

dulé, connu chez nous sous le nom de Vallées
de Germigny, qui s'étend depuis Bannegon
jusqu'à Menetou-Couture.

Il y a cinquante ans cette contrée était inabor-
bordable. Couverte de fondrières et d'étangs,
envahie par les ronces et les épines, livrée à une
culture presque exclusivement pastorale, elle ne
laissait guère entrevoir l'avenir brillant qui devait
sitôt se réaliser pour elle.

Les étangs ont été desséchés, les fondrières
assainies, les grands paturages boisés ont été
défrichés, les ronces et les épines ont été extir-
pées, puis les routes ont été créées, et cette partie
du Cher ne le cède que peu, aujourd'hui, aux
meilleures contrées du Nivernais et de la Norman-
die par l'herbe fine et touffue de ses paccages à
embouches où s'engraissent des bœufs par mil-
liers.

En même temps que cette tranformation s'opé-
rait sur le sol, le bétail en subissait une autre
tout aussi importante; — les Chamard et les Louis
Massé appliquaient à l'amélioration de la race cha-
rolaise leur intelligence et leurs soins et lui fai-

saient prendre, à la tête de l'espèce bovine de
France, la place distinguée qu'elle y occupe sans
conteste.

L'élevage et l'engraissement se partagent active-
ment cette contrée; toutefois cette dernière spéculation semble l'emporter aujourd'hui.

L'embouche ou l'engraissement des bêtes bovines au pacage apporte une simplification si
grande dans les travaux du cultivateur, ses résultats sont si immédiats et généralement si avantageux qu'elle devait être adoptée partout où la
qualité de l'herbage en permettait l'application.
Non pas, au moins, que ce mode d'exploitation
rurale ne demande des connaissances spéciales
de zootechnie, un grand savoir faire commercial,
puis aussi un capital considérable. Sur ce dernier
point, la banque de France, par son comptoir de
Nevers, et bientôt aussi, sans doute, par celui de
Bourges, apporte beaucoup de bon vouloir pour
faciliter aux emboucheurs de la Nièvre et du Cher
les grands achats de bestiaux qu'ils ont à faire au
printemps. Il faut l'en remercier et l'encourager
à se mettre de plus en plus à la portée des agri-

culteurs sérieux; elle ne peut trouver de clientèle
plus sûre et plus digne d'intérêt.

On a beaucoup écrit sur le crédit agricole, sur
les banques agricoles et d'excellentes choses ont
été dites à ce sujet; l'Angleterre et surtout l'Ecosse
ont sur ce point une organisation que nous ne
pouvons trop leur envier; l'avenir nous la donnera
peut-être un jour....

En attendant, acceptons les crédits que la banque de France veut bien ouvrir pour les opéra-
tions à terme des engraisseurs et cherchons avec
elle les moyens d'en simplifier les formalités sans
rien compromettre des garanties qu'elle est en
droit de demander.

Tout serait bien dans cette spéculation de
l'embouche si ses besoins ne dépassaient trop
souvent les ressources que peut lui fournir l'élevage local; il n'en est pas ainsi et les engraisseurs
de la Nièvre et du Cher doivent aller au loin pour
réunir les bœufs et les vaches que réclament au
printemps leurs herbages. L'Allier, le Puy-de-
Dôme, le Cantal et jusqu'aux Cevennes sont mis
à contribution pour fournir ce contingent malgré
la différence d'aptitude pour l'embouche des ani-

maux de ces provenances comparés aux Charo-
lais. Le recrutement des bêtes d'engrais est donc
le seul point noir de la spécialité culturale de
cette contrée; nous dirons plus loin notre avis sur
le remède à y apporter; mais j'ajoute que ce dan-
ger n'est pas tel qu'il compromette sérieusement
la situation florissante de cette région du Cher.

Ses relations avec le reste du département sont
très actives ; le chemin de fer du Centre et de
nombreuses routes les développent de plus en
plus : c'est le point qui offre au bétail maigre du
pays le débouché le plus facile ; c'est là que les
agriculteurs soucieux d'améliorer leurs étables
vont chercher les reproducteurs de qualité convenable pour en assurer les moyens.

§ IV.

Cantons du sud et sud-ouest.

Il faut reconaître que la belle contrée que nous venons de parcourir s'éclaire et s'échauffe un peu au grand foyer d'activité agricole dont elle est voisine, le Nivernais.

Cette partie de la France est entrée avec une vigueur et une résolution remarquables dans l'éducation du bétail : elle y a trouvé une fortune qui est un légitime sujet d'émulation pour la région qni l'environne, et si le Bourbonnais rivalise aujourd'hui avec elle, si la portion du Cher dont

elle n'est séparée que par la Loire et l'Allier, lui
dispute souvent et avec avantage, les primes
du concours nous devons avouer que c'est à sa
féconde initiative, à son action soutenue que
nous sommes redevables de ce centre si puissant
de développement et d'amélioration de l'espèce
bovine.

Mais à mesure qu'on s'en éloigne, on sent dimi-
nuer cette influence salutaire ; — si elle s'exerce
encore dans les cantons de Charenton et de
Saint-Amand, elle est à peu près nulle dans ceux
de Saulzais, Châteaumeillant, Le Châtelet et Lignières.

L'amour et la science du bétail ont disparu
dans cette région ; les reproducteurs y sont sans
valeur, et il suffit de jeter un coup d'œil sur la
population bigarrée des grandes foires de Culan
et de la Berthenoux pour reconnaître l'incurie et
l'ignorance qui président à l'éducation de ce bétail défectueux.

Cependant, cette contrée possède toutes les conditions désirables pour cette spécialité de l'élevage
Le sol en est très-varié dans les cantons de Cha-

renton, Saint-Amand, Saulzais et Lignières ; c'est
d'abord un mélange de terre argilo-calcaire et
argilo-siliceuse, qui passe successivement aux
terres alumino-siliceuses, puis aux terrains siliceux
purs, à sous-sol granitique ; les eaux y sont assez
abondantes et assez uniformément réparties, et il
suffirait de quelques travaux pour en régulariser
le débit et en faciliter l'emploi pour les irriga-
tions ; enfin le vallonnement général du pays,
la semi-perméabilité du sous-sol et la prédisposition
du sol à se couvrir d'herbe ont marqué, de la
façon la plus claire, la destination culturale de
cette région.

Pourquoi l'éducation de l'espèce bovine, qui y
donnerait des produits si rémunérateurs, y est elle
encore si généralement négligée ? Pourquoi les
laboureurs y persistent-ils à appliquer à l'engraissement onéreux de la crèche, des aliments que
leur payeraient beaucoup plus cher les jeunes animaux qu'on laisse à la diète ? Quelles causes, quelles influences ont agi sur cette région qui n'est
pas limitée à la circonscription administrative du
département et s'étend au delà des confins de
l'Allier, de la Creuse et de l'Indre, pour y main-
tenir des pratiques aussi en désaccord avec les

indications de la nature et les leçons d'économie
rurale ?

Cette contrée a été longtemps impraticable ;
l'affreux état des chemins en tenait éloignés les
propriétaires qui confiaient à un fermier général
l'exploitation de leurs domaines que ce dernier
faisait cultiver par des métayers ignorants, routi-
niers, pauvres, qu'il se souciait fort peu d'instruire et d'aider de sa bourse.

Cet état de choses n'a pas encore entièrement
disparu, et si, de loin en loin, un effort intelligent
et vigoureux se produit pour le faire cesser, sa
longue influence pèsera longtemps encore sur les
habitudes agricoles de toute cette région.

La ferme-école du Cher a été judicieusement
placée au milieu de cette contrée où son action
commence à être sensible. — Les routes se sont
ouvertes et permettent d'aborder et de parcourir
dans tous les sens une des plus gracieuses régions du centre de la France ; enfin, de hardis
pionniers du progrès sont venus y planter leur
tente et ont entrepris, avec courage, la lutte contre les vieux préjugés, contre la lenteur et l'apa-
thie d'une population affaiblie par sa mauvaise

alimentation et persévérante dans sa routine et son ignorance.

Leur action salutaire, celle de l'instruction primaire qui commence à répandre avec zèle dans nos campagnes, les saines notions de l'agriculture, puis les leçons de l'expérience et la stimulation du gain parviendront peu à peu à placer cette région dans sa voie véritable qui est l'éducation du bétail, surtout des bêtes à cornes.

Il y a trente ans à peine, la grande zone qui sépare les plateaux jurassiques du Cher et de l'Indre du terrain primitif qui en occupe l'extrémité sud et qui s'étend des rives de l'Arnon à celle de la Creuse, était couverte d'immenses bruyères qui portent chez nous le nom de *brandes*, espaces stériles parcourus par quelques maigres troupeaux de moutons et de chèvres et sur lesquels l'écobuage donnait, à de longs intervalles, de ruineuses récoltes de seigle.... Toutes les tentatives de mises en culture de ces terres avaient échoué, quand, vers 1846, le procédé de Chambardel, l'emploi du noir animal épuisé des rafineries, fut divulgué.

Ce fut le signal du défrichement de ces immenses steppes. — Plus tard les phosphates fossiles ont succédé au noir animal devenu trop rare et trop cher, et des moissons splendides ont remplacé les ajoncs et les fougères.

La marne sur quelques points privilégiés, la chaux partout ailleurs, complètent cette rénovation du vieux sol des brandes et sont en train de constituer dans toute cette partie du Berry un état agricole très prospère, mais qui ne se soutiendra que par une grande extension donnée à l'éducation du bétail.

Il y a là, dans l'avenir, une source féconde de production de bétail et des ressources assurées pour les engraisseurs.

Je connais les difficultés qui restent à vaincre aux cultivateurs de cette contrée pour atteindre cette période culturale. — Ces terres des brandes, même marnées et chaulées, sont plus disposées à la production des céréales qu'à celles des fourrages. La betterave n'y a qu'une végétation médiocre, et dans les traditions de la culture locale, l'éducation du bétail y est encore un problème peu soluble.

Je pourrais répliquer que le tobinambour y offre ses produits magnifiques, que le maïs y croit admirablement, et que si les prairies artificielles à bases de légumineuses n'y donnent souvent que de faibles récoltes, celles à base de graminées sont toujours excellentes.

Mais cette note n'a pas la prétention de professer un cours de culture, et je rentre dans l'exposé des faits pour en tirer seulement quelques déductions qui doivent en justifier le titre.

En résumé, et pour dire toute ma pensée sur l'avenir agricole des cantons du sud et du sud-ouest du Cher, je crois que la part qui y est faite à la culture des céréales est trop grande, qu'il est temps d'y restreindre le travail de la charrue, trop coûteux et très-peu productif sur un sol bien souvent difficile et rebelle, que l'exemple des cultivateurs des vallées de Germigny et du Nivernais doit y être suivi et qu'il y a lieu de constituer en herbages un grand nombre de champs en culture. On diminuera le nombre de bœufs de labour et on augmentera celui des vaches d'élevage.

On ne parviendra sans doute pas à créer des

prés d'embouche, mais on aura toujours des paccages de qualité convenable pour les jeunes animaux.

Si à ces soins du sol on ajoutait un peu plus
d'amour pour les animaux, un choix plus judicieux de reproducteurs, on arriverait bien vite
à trouver dans l'élévage des résultats aussi avantageux que ceux que donne l'embouche sur les
herbages plus riches de nos voisins.

On travaillerait ainsi à la solution de ce problème
de recrutement des bestiaux maigres que nous
avons vu s'élever pour les pays d'engraissement ;
on appliquerait la sage pratique de la division du
travail et on ne serait plus en contradiction avec
les données de la nature qui indique si clairement,
quand on veut l'interroger, la spécialité agricole
qui convient à chaque localité.

La facilité des échanges, la rapidité des communications, les leçons de l'économie domestique
nous poussent invinciblement à spécialiser nos
cultures : c'est la voie de l'avenir et il faut y en-
trer résolûment.

Ces confins du Berry, de la Marche et du

Bourbonnais ont eu, comme la Sologne, une splendeur forestière dont rendait témoignage encore, il y a peu de temps, la belle futaie de Maritet ; là, comme sur tant d'autres points de la France, une main imprudente a dépouillé les hauteurs de leur couronne de forêts ; la plus grande partie des collines de cette région n'offrent plus à l'ardeur du soleil qu'une surface stérile et chauve ; les sources se sont taries, les cours d'eau sont devenus des torrents, l'équilibre de température et d'humidité a été rompu.

Là, comme en Sologne encore, les conifères végètent avec vigueur et offrent un moyen facile et avantageux pour reboiser un sol inabordable pour la charrue et aideront à le repeupler en chêne et en châtaignier au grand profit de la fraîcheur du pays et des propriétaires.

Tous les arbres fruitiers et spécialement le châtaignier prospèrent admirablement sur les détritus granitiques de cette contrée ; ce dernier y donne des produits d'une grande valeur, et sa culture, un moment compromise, commence à reprendre faveur.

Le chemin de fer de Montluçon à Tours, avec

son embranchement de Tours à Châteaumeillant
vers Boussac, traversera bientôt tout ce pays; il
lui donnera à bon marché la chaux qui y opere
des effets merveilleux et offrira à ses produits les
débouchés qui leur manquent.

Peut-être aussi, dans un avenir prochain, tous
les cours d'eau de cette contrée, l'Arnon, la
Joyeuse, le Portefeuille, l'Indre, dont la pente
rapide, le déboisement et le desséchement des
étangs ont fait des torrents dangereux, recevront-
ils des travaux que facilitent les gorges du pays et
verront-ils leurs eaux enmagasinées, régularisées
et distribuées avec méthode à l'agriculture et à
l'industrie.

Le jour où, par un effort intelligent, le pays
aura réalisé ce grand travail d'utilité publique,
cette contrée, encore isolée et peu connue, devien-
dra un des points les plus florissants du centre
de la France.

Je dois dire en terminant que la viticulture
s'est rapidement développée sur quelques points
de cette région, particulièrement à Châteaumeillant, et qu'elle assure à ce canton une prospérité
un instant suspendue par les années calamiteuses

que nous venons de traverser, et qui va grandir sous l'influence qui y exercera le passage de la ligne de Tours à Montluçon.

§ V

Partie centrale. — Plaine Calcaire.

Nous entrons dans cette région du Cher qui en
occupe la partie médiane et s'étend, de l'est à
l'ouest, de la Vauvise à l'Arnon, entre les collines et les plateaux siliceux du nord et les vallées
argilo-calcaires du sud-est et du sud, pour se
poursuivre dans l'Indre jusqu'à la formation
crayeuse de la Touraine. — Le calcaire jurassique
affleure dans toute son étendue, recouvert de distance en distance, par la formation lacustre avec
ses minerais de fer. Le sous-sol est partout per-

méable ; il l'est malheureusement avec excès sur un grand nombre de points. Le sol est de nature diverse ; profond, fertile au sommet des plateaux, maigre et pierreux dans toutes les dépressions ; toujours d'une culture facile et labouré généralement par des chevaux. Les cours d'eau sont rares et les prés naturels en très-faible proportion avec les terres arables.

C'était par excellence le pays à céréales et à moutons.

Cette spécialité culturale est, de toutes, celle qui se trouve aujourd'hui la plus menacée et pour laquelle nous cherchons une issue à la situation périlleuse créée chez nous par la concurrence des céréales étrangères et la fixité du prix du froment.

Le blé, en effet, est la seule denrée dont le prix soit resté stationnaire depuis 1819. Sans remonter jusque-là. voici quel en a été le cours depuis 66 ans.

Le prix de l'hectolitre a été :
de . . . . . 24 fr. 70 c. de 1811 à 1820.
de . . . . . 18 fr. 95 c. de 1821 à 1840.

de . . . . . 19 fr. 75 c. de 1841 à 1850.
de . . . . . 22 fr. 10 c. de 1851 à 1860.

Le prix moyen de la France pour la dernière semaine (du 5 au 10 octobre) est 19 fr. 40 c.

Pendant ce temps le loyer de la terre a partout doublé, et la progression de sa valeur s'est élevée beaucoup plus haut dans un grand nombre de localités : il en a été de même de tous les autres frais de la production. Si, par les soins d'une culture plus intelligente, le prix de revient du froment ne s'est pas élevé pour le cultivateur dans une égale proportion, il faut reconnaitre cependant que, dans la plupart des cas, il est égal, si non supérieur, au prix de vente et que sa culture devient de jour en jour moins rémunératrice.

Cette situation tend-elle à s'améliorer et peut-on espérer dans un avenir prochain un relèvement des cours qui puisse assurer au producteur de froment un bénéfice honnête ?

Non assurément. Le blé est devenu l'objet d'un commerce universel : nulle matière ne se transporte avec plus de facilité ; les froments du

Chili, de la Californie, des régions du Nord-Amérique dont Chicago est devenu l'entrepôt général, ceux de la Hongrie et de la Russie méridionale viennent se ranger côte à côte sur tous les grands marchés de l'Europe, et si l'influence de la récolte de l'un de ces grands centres de production peut se faire momentanément sentir sur le cours général, bientôt le prix reprend son niveau, s'équilibre, s'universalise, et il arrivera souvent, ce qui s'est déjà produit, du reste, que les cours généraux les plus bas pourront coïncider avec une faible récolte de la France et créer pour nos agriculteurs la crise la plus cruelle.

Y a-t-il quelques améliorations sérieuses à réaliser chez nous dans la culture du froment et de nature à en abaisser le prix de revient?

Nul ne le peut nier.

L'emploi plus généralisé des machines, l'intervention des moissonneuses et surtout des semoirs, un choix plus judicieux et plus sévère des semences, la correction du sol par des engrais commerciaux savamment appropriés permettront, certainement, d'améliorer les conditions de cette culture et de réduire un peu le prix de revient de l'hectolitre.

Mais il ne faut pas se le dissimuler ; si désirables que puissent être ces progrès, ils ne sont pas la solution de la situation ; il faut la chercher ailleurs. Elle est, pas un de mes confrères ne me contredira, dans la réduction de la sole du blé et par dessous tout, dans l'augmentation des fumures ; et alors se pose cette question : *Quel est le moyen le plus économique de donner à la plaine calcaire du Berry la plus grande masse de fumier de ferme au meilleur marché possible ?*

Il ne peut plus être question ici, comme dans la contrée fraiche et ondulée des cantons du sud, de créer des herbages, de multiplier avec eux le bétail de la ferme et de répandre sur une surface restreinte les fumiers augmentés par ce développement du cheptel. Non.

Le sol des plateaux calcaires ne s'enherbe pas spontanément ; toute récolte fourragère ne peut être obtenue que par la culture, et les prairies artificielles peuvent seules y donner l'herbe et le foin.

Les récoltes de ces prairies artificielles sont absolument soumises aux influences atmosphériques ; les derniers froids et les printemps secs,

si fréquents sous notre climat, en réduisent trop
souvent la quantité, et la ressource qu'elles offrent
est trop précaire, trop incertaine pour qu'elles
puissent être la base d'un développement considérable du bétail de rente de la ferme. Ce serait
un imprudent conseil que celui qui pousserait les
agriculteurs de cette contrée dans cette voie. Les
leçons de 1861 et surtout de 1870 nous ont
révélé les dangers d'un bétail trop nombreux sur
un sol si impressionné par les vicissitudes de la
température.

Enfin les produits ordinaires du bétail de rente
sont loin de compenser, dans la plupart des cas,
les frais d'entretien qu'il occasionne dans de
semblables conditions ; on pourrait répéter encore, avec quelque raison, que, chez nos cultivateurs de la plaine, *le bétail est un mal nécessaire.*

Quel bénéfice peut bien procurer, en effet, une
vache entretenue sur nos fermes du pays calcaire
dont le veau est vendu à la boucherie à l'âge de
six semaines pour un prix très modeste, et qui
ne donne ensuite qu'une maigre recette de beurre
et de fromage?

Si le compte de la bergerie se solde, dans les

années prospères, d'une manière plus satisfaisante, à combien de déceptions cette spécialité n'est-elle pas exposée avec l'irrégularité d'alimentation auquel le troupeau est soumis, et ne suffit-il pas, trop souvent, d'une invasion de cocotte ou de sang de rate pour faire disparaitre le bénéfice de plusieurs années?

Il faut le reconnaitre, le bétail généralement entretenu sur nos fermes, avec de pareilles alternatives. ne paye pas les fourrages qu'il consomme, ce qu'ils ont coûté et le fumier qu'on en obtient ressort à un prix beaucoup trop élevé pour qu'il soit possible de produire avec lui des céréales à bon marché.

Nous avons donc à trouver et à introduire dans notre culture des plaines calcaires une économie du bétail toute différente de celle qui s'y poursuit encore, et si paradoxale que puisse sembler cette proposition, j'affirme que c'est à l'engraissement à la crèche, avec les racines pour principal aliment, que nous devons demander la solution pratique de la question posée.

Je vais essayer de le démontrer avec quelques chiffres dont je demande pardon aux lecteurs de cette note, mais leur intervention est indispensable dans une question toute de comptabilité.

Un fait indiscutable et sanctionné par la pratique, sont les excellents résultats obtenus sur nos terrains des plateaux calcaires par la culture de toutes les racines. La betterave végète merveilleusement même sur nos terres maigres et peu profondes. La carotte et le rutabaga donnent des produits plus surs encore et le topinambour s'accommode de nos plus maigres crias.

Avec une fumure de 40 à 50,000 kilog. de fumier d'étable par hectare, additionnée de 200 kilog. d'un engrais commercial approprié et riche en potasse, nous pouvons obtenir dans nos plaines de 40 à 50,000 kilog. de betteraves globes ou variétés analogues sur les terres profondes et fertiles, et 25 à 30,000 kilog. sur la terre de moindre qualité.

On peut établir comme suit les frais de culture d'un hectare de betteraves et conséquemment le prix de revient de 1,000 kilog. de ces racines.

1° Labours, hersages, préparation du sol   100   »
2° Façons spéciales, semis, dépressage,

A Reporter. . .   100   »

Report. . . .	100	»
binages, arrachage, mise en silos. . . .	90	»
5° Semence, frais divers et imprévus. . .	10	»
4° Fumure { 50,000 k. de fumier à 5 f. 250 f. 50 k. engrais potassique 50 f. }	300	»
5° Frais généraux, loyer de la terre. . .	60	»
Total par hectare. . . .	560	x

Il convient d'en déduire :

Moitié des frais de labour à porter au compte de la récolte de céréales qui suivra, soit. . . . . 50 f.
Moitié de la valeur de la fumure soit 750 f. } 200 »

Reste applicable à la récolte de betteraves. . . . . 360 »

Ce qui donnera pour 1,000 kilog. de racines un prix de revient variant de 9 à 18 francs, suivant que la récolte elle-même variera de 50 à 25,000 kilog. par hectare, soit un prix moyen de 15 francs par tonne pour une récolte moyenne de 55 à 56,000 kilog.

L'analyse chimique, d'accord en cela avec la pratique journalière, nous a appris qu'il fallait 5,500 kilog. de betteraves pour remplacer, comme

matière nutritive, 1,000 kil. de foin de première
qualité ; c'est-à-dire qu'une récolte de 35,000
kilog. de betteraves obtenus par hectare équivaut
à 10,000 kilog. de luzerne ou de foin ; et que
quand le foin est, comme aujourd'hui, à 100 fr.
les 1,000 kilog., le prix correspondant de la
betterave serait 28 fr. 40. — C'est sur cette
donnée scientifique et expérimentale des équiva-
lent nutritifs que nous allons établir le prix de
revient de l'engraissement d'un animal avec les
ressources alimentaires que peut nous procurer la
culture économique de nos plaines calcaires.

Dans ce détail nous ne prendrons pas le cours
commercial de ces denrées qui varie suivant les
circonstances, mais le prix normal que nous
appliquons dans nos fermes et qui doit être le
plus rapproché possible du prix de revient ; si
nous comptions à 50 fr. le millier, cours actuel,
les fourrages que consomment nos bêtes de rente,
nous arriverions à un prix de revient fabuleux de
la viande et du fumier.

Pour rester dans le vrai, nous compterons les
fourrages à 50 fr. les 1,000 kilog., et la betterave
au prix correspondant de 14 fr. très rapproché

de celui de 13 fr. trouvé ci-dessus comme prix
moyen de leur revient.

Nous allons prendre, comme type de l'animal
mis à l'engrais, un bœuf de taille moyenne pesant
maigre de 4 à 500 kil. soit 450 kil. et dont la
ration journalière, réglée de 4 à 5 kil. de foin
par quintal de poids vif de l'animal, variera de 18
à 22 kil. soit 20 kil.

Cette ration de 20 kil de foin sera remplacée,
par les équivalents nutritifs et sera composée à
peu près comme suit :

5 kilog. de foin, luzerne, sainfoin .	5 k.	
3 à 4 k. de balles, paille hachée équivalent à	2	20) k.
35 k. de betteraves fermentées avec les balles id.	10	
2 k. 500 de tourteaux et farineux .	5	

Le prix de revient de cette ration journalière
sera :

3 kilog. de foin naturel ou artificiel à 5 c.
le kilog. . . . . 0 fr. 15

4 kilog. de paille hachée ou
balles diverses à 2. c. le kilog. . 0   08

35 kilog. de betteraves mélan-
gées aux balles et fermentées à

0 fr. 0,14 le kilog. 0   49

2,500 tourteaux ou farineux
à 0 fr. 0,16 le kilog. . . . 0   40

Total de la ration journalière 1, 12

Il faut y ajouter les frais généraux, soins, pansage, manutention,
litière etc., par tête et par jour 0   48

Total par jour . . 1, 60

La durée de l'engraissement est de 80 à 100
jours suivant la nature de l'animal, en moyenne
90 jours, ce qui donne une dépense totale de
144 francs.

Le poids de l'animal a augmenté, en moyenne
de 120 kil. et sa valeur en argent de 150 fr. :
Le bénéfice n'est pas considérable, mais il reste
le fumier *qui ne coûte rien*.

Un bœuf de moyenne taille à l'engrais, conve-
nablement pourvu de litière, peut donner 50 kil.
de fumier normal par jour, soit 4,500 kil. pour
les 90 jours de stabulation.

La ration journalière de betteraves étant de

55 kil., et l'engraissement durant 90 jours, un bœuf aura consommé pour son engraissement 5,150 kil. de ces racines.

La production moyenne de l'hectare étant de 55,000 kil , on pourra engraisser 11 bœufs avec la récolte d'un hectare, et le fumier fourni, à raison de 4,500 kil. par bœuf, sera de 49,500 k.; — C'est-à-dire qu'on aura reconstitué, par cette opération, tout l'engrais placé sur l'hectare de betteraves.

L'engraissement du mouton, dans les mêmes conditions, est un peu plus avantageux; il n'exige que 60 à 70 jours, et le fumier qui en provient à plus de valeur que celui des bêtes bovines.

Cette spéculation présente sur la tenue des bêtes de rente cet avantage, c'est qu'elle laisse le cultivateur libre de la proportionner à ses ressources en nourriture et qu'elle ne le condamne pas soit à réduire son effectif à un prix ruineux, dans les années où ces ressources sont insuffisantes, soit à le mettre à la diète, ce qui est plus ruineux encore.

Il ne sera plus forcé d'entretenir un cheptel

nombreux et peu lucratif destiné à la production d'un fumier dont le prix de revient est excessif. La vacherie pourra être réduite au nombre de bêtes strictement nécessaire à fournir la ferme de laitage, et le troupeau de bêtes à laine, moins nombreux, mieux soigné, régulièrement nourri, échappera aux crises trop fréquentes qui résultent pour lui des intermittences de son alimentation.

Le fumier ainsi obtenu est d'une qualité bien supérieure à celui des animaux de rente presque exclusivement alimentés à l'étable par des fourrages secs.

Enfin les cultivateurs de la plaine calcaire pourront prendre une part plus grande aux profits que procure l'augmentation du prix de la viande que je vais mettre en parallèle avec l'invariabilité du prix du blé que j'ai donnée plus haut :

Le cours moyen de la viande a été par kilog. :

	pour le bœuf,	pour le mouton
de 1822 à 1833 de 0 fr. 82	et 0 fr. 84	
de 1834 à 1843 de 0 fr. 92 id.	0 fr. 96 id.	
de 1844 à 1853 de 0 fr. 96 id.	1 fr. »» id.	
de 1854 à 1865 de 1 fr. 18 id.	1 fr. 20 id.	
en 1875 .... de 1 fr. 60 id.	1 fr. 80 id.	

La viande a donc doublé de prix dans l'espace
de 50 ans; la consommation en augmente de jour
en jour et si les produits animaux, cuirs, suif,
laines, conserves, peuvent bien nous arriver de
quelques contrées que la culture n'a pas encore
abordées et livrées à un système pastoral spécial,
l'éloignement de ces contrées, les difficultés que
présente le transport de la viande fraiche et des
animaux vivants, nous préservent de cette concurrence; l'Europe entière doit se soumettre à
l'élévation croissante du prix d'une denrée qu'elle
seule peut produire, dont la production se déve-
loppe lentement et dans des conditions qui ten-
dent de plus en plus à s'équilibrer.

Nous pouvons donc produire de la viande en
toute sécurité, sans redouter la concurrence et
l'encombrement.

Je ne veux pas poursuivre davantage cette
démonstration; je dois ajouter qu'en exposant ce
système je n'ai rien trouvé, rien inventé; que cette
solution de la culture des terres calcaires est mise
en pratique et conduite avec succès à La Forêt,
près Saint-Florent-sur-Cher, chez M. Tourangin,
qui a bien voulu me communiquer les résultats

de l'engraissement dirigé comme je l'ai indiqué.

Je l'ai vu pratiquer encore à Marcouville (Eure-et-Loir) chez M. Vinglain, député, dans des conditions de sol analogues à celles de nos plateaux calaires.

Sur un domaine de 100 hectares, sans prairies naturelles, M. Vinglain engraisse par an jusqu'à 60 vaches normandes et 600 moutons de la plus grande espèce.

Ce qui est surtout remarquable dans l'organisation de l'engraissement de Marcouville, c'est la préparation de la nourriture fermentée distribuée aux animaux.

M. Vinglain profite du moment où la betterave contient la plus grande quantité de sucre et fournira par conséquent la plus forte proportion d'alcool, pour la hacher, la mélanger avec une proportion convenable de balles, menue paille et autres débris de fourrages et en former de vastes silos dans lesquels s'établit une lente fermentation et d'où il extrait pendant l'hiver une nourriture suffisamment humide, appétissante, exhalant une odeur alcoolique très franche et que les animaux mangent avidement.

Cet ensilage de la betterave est fait entre des murs de 2^m de hauteur espacés de 2^m 25. Les racines sont hachées très menues, presque dépulpées. En même temps que le coupe-racine, disposé au-dessus du silo, y verse la betterave, on y mélange de 7 à 9 pour 0/0 en poids, de balles de blé et d'avoine, de cossettes de colza, de débris de fourrages et de paille hachée. — Il est important que le mélange soit aussi intime que possible.

Quand la fosse est pleine, on la recouvre de paille que l'on charge de terre, puis de planches et de pierres, pour opérer une compression assez énergique.

Le volume diminue considérablement par la fermentation, le chapeau descend avec la réduction du volume. —Des portes percées latéralement dans les murs de la fosse permettent d'en extraire facilement le mélangé fermenté.

Les murs et le fond du silo doivent être cimentés et imperméables.

Le tout est recouvert d'une toiture légère qui préserve le silo des eaux pluviales.

Cette disposition permet de réduire considérablement le personnel ; un seule homme suffit pour extraire la conserve du silo, la charger sur des wagonets qu'il pousse sur un petit chemin de fer et la distribuer dans la crèche.

Les vaches engraissées à Marcouville pèsent de 5 à 600 kil. — au moment où elles sont conduites à l'abattoir : — elles reçoivent par jour un hectolitre environ du mélange et 4 kilog. de tourteau. Leur engraissement dure de 70 à 80 jours.

Cet ensilage des racines et des fourrages verts a un immense intérêt pour tous nos pays de plaines à sous sol perméable où la récolte des fourrages artificiels est si irrégulière et si incertaine ; il n'en a pas moins pour toute la région alumino-siliceuse des anciennes brandes où les prairies à base de légumineuses donnent de si maigres produits.

C'est pour elle et pour la Sologne, où la pauvre végétation de la betterave vient ajouter aux difficultés de l'entretien du bétail en hiver, que l'ensilage du maïs, dont nous avons dit quelques mots déjà, offrira des ressources précieuses.

Cet ensilage se pratique comme celui de la betterave, que je viens d'expliquer, avec quelques modifications dans le dosage des matières sèches et quelques soins spéciaux qui nous seront bientôt connus.

Le maïs, dont la végétation rapide et vigoureuse brave les sécheresses qui, trop souvent, diminuent nos récoltes de racines, apportera un nouveau contingent à cet engraissement d'hiver qui est le seul moyen pratique pour les cultivateurs des plaines calcaires, de produire du fumier à bon marché, et aidera puissamment à la solution de la culture économique des céréales dans cette région du Cher.

Les planteurs de vignes de l'arrondissement de Bourges, si résolument entrés dans la voie qui leur avait été tracée par un éminent initiateur, M. Adolphe Massé, ont été arrêtés, comme tant d'autres, par les calamités qui ont accablé la viticulture du centre de la France dans ces dernières années; mais cet élan n'est pas éteint; il va renaître avec le retour d'une température normale; la récolte de 1875 fera oublier les pertes et les déceptions du passé, et bientôt nous verrons la vigne couvrir de sa riante verdure les grandes surfaces de terres maigres et pierreuses, si propices à sa culture, qui font la désolation des laboureurs et qui peuvent devenir, le docteur J. Guyot nous l'a dit, une source de fortune et de développement de population pour ce département.

Avant peu de temps le chemin de fer de Bourges à Paris, par Beaune-la-Rollande, traversera la contrée qui s'étend au nord de notre ville et connue chez nous sous la désignation de *la Forêt* ; vaste verger, gracieuse région qui trouvera dans l'ouverture de cette voie de nouveaux débouchés pour son immense production de fruits et un autre élément de prospérité. Cette satisfaction était bien due à son intelligente activité à son labeur infatigable.

Je termine cette étude et je résume les observations que j'y ai consignées en insistant sur les points que je crois devoir exercer une influence décisive sur l'*avenir agricole du Cher* :

1° Réduction considérable de la surface consacrée aujourd'hui à la culture des céréales sur tous les points de ce département;

2º Remplacement des céréales par des herbages permanents dans toute la partie fraiche, vallonnée, semi-perméable des cantons du sud et du sud-ouest ;

Par les racines et le maïs coupé en vert et mis en silos dans toute la région des plateaux calcaires ;

3º Spécialisation de l'élevage des bêtes à cornes dans la première région ;

4º Spécialisation de l'engraissement d'hiver dans la seconde.

Je soumets cet avis à l'examen et au contrôle de mes confrères en culture ; je n'ai pas la prétention de les instruire, mais j'ai cru devoir leur dire encore ce que l'expérience et l'observation m'ont appris ; leur montrer la voie qu'il me semble nécessaire de suivre si nous voulons échapper aux conséquences ruineuses de la fixité du prix du blé ; enfin pour continuer à marcher dans le progrès qui est, pour l'Agriculture comme pour l'Industrie, et disons le, pour les nations aussi, la première condition d'existence et de salut.

L. G.

Lissay, le 18 octobre 1875.

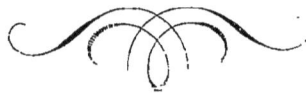

Bourges, imp. Marguerith-Dupré